Matthias Jüttner, Tobias Ihlenfeld, Martin Bayr

Palaeobotanische Labormethoden

Pollen- und Makrorestanalyse

GRIN Verlag

Bibliografische Information der Deutschen Nationalbibliothek:

Die Deutsche Bibliothek verzeichnet diese Publikation in der Deutschen National-
bibliografie; detaillierte bibliografische Daten sind im Internet über http://dnb.d-
nb.de/ abrufbar.

Impressum:

Copyright © 2006 GRIN Verlag, Open Publishing GmbH
Druck und Bindung: Books on Demand GmbH, Norderstedt Germany
ISBN: 978-3-656-48321-2

Dieses Buch bei GRIN:

http://www.grin.com/de/e-book/167733/palaeobotanische-labormethoden

GRIN - Your knowledge has value

Der GRIN Verlag publiziert seit 1998 wissenschaftliche Arbeiten von Studenten, Hochschullehrern und anderen Akademikern als eBook und gedrucktes Buch. Die Verlagswebsite www.grin.com ist die ideale Plattform zur Veröffentlichung von Hausarbeiten, Abschlussarbeiten, wissenschaftlichen Aufsätzen, Dissertationen und Fachbüchern.

Besuchen Sie uns im Internet:

http://www.grin.com/

http://www.facebook.com/grincom

http://www.twitter.com/grin_com

Universität Augsburg – Institut für Geographie
Lehrstuhl für Physische Geographie und quant. Methoden
Datum: 27.07.2006

Protokoll zum Labortag im Rahmen des Geländepraktikums
für Fortgeschrittene 2006

Paläobotanische Methoden
-
Pollen- und Makrorestanalyse

Bayr, Martin
Ihlenfeld, Tobias
Jüttner, Matthias

Einleitung

Die Analyse von organischen Materialien im Boden kann über viele Vorgänge und Gegebenheiten in der jüngeren Vergangenheit Auskunft geben. Primäre Forschungsrichtung der sog. Paläobotanik (oder auch Paläo-Ethnobotanik) ist die archäologische Interpretation der Lebensweisen früherer Menschen. Einerseits kann bestimmt werden welche Pflanzen in der Region des entnommenen Bodenprofils zu seiner Entstehungszeit natürlich verbreitet waren, andererseits kann man sich ein Bild der Pflanzennutzung vergangener Zivilisationen machen. Die Methoden welche wir im Labor kennen gelernt haben sind die Pollen- und Makrorestanalyse.

Aus den Pollen verschiedener Bodenhorizonte kann man Verbreitungsmuster einzelner Arten im Zeitverlauf ermitteln, die dann später in Pollendiagrammen und Vegetationskarten dargestellt werden. Das Problem dabei ist dass das Ergebnis durch Pollenflug stark verändert werden kann, und dass zur Auszählung der Pollen aus einer Probe vorher eine aufwendige Behandlung des Bodenmaterials nötig ist. Die Aufbereitung der Bodenprobe zur Pollenanalyse und deren Methodik selbst wird im ersten Teil des Protokolls behandelt.

Makroreste werden selten weit transportiert und lassen deshalb genauere Schlüsse im Bezug auf das tatsächliche Untersuchungsgebiet zu. Außerdem können Großreste, sofern die Möglichkeit besteht genaue, sehr feine Schnitte zu machen, ohne weitere Schritte unter dem Mikroskop oder Binokular betrachtet werden. Methodik und Nutzen der Makrorestanalyse werden in Teil zwei genauer beschrieben.

1.1. Aufbereitung von Bodenmaterial zur Pollenanalyse
(Methode nach Erdtmann)

Im Bodenmaterial welches man aus dem Bohrkern entnimmt sind noch einige organische und mineralische Bestandteile die vor der Auszählung der Pollen entfernt werden müssen um das Erkennen der Pollen zu vereinfachen und damit Verfälschungen des Ergebnisses zu vermeiden. Es müssen vor der Betrachtung der Probe also einige Arbeitsschritte durchgeführt werden. Jede Probe umfasst 1cm³; die einzelnen, insgesamt 16 Proben, werden in gleichen Abständen zueinander aus dem Bodenkern gestochen, jede mit einer eigenen Nummer versehen die ihre Zugehörigkeit zu den einzelnen Horizonten festhält.

Durch Zugabe von Salzsäure entfernt man den Kalk aus dem Material. Dazu werden zunächst 25ml HCl zur Probe gegeben, nachdem die Reaktion ausgeklungen ist wird Säure zugeführt bis keine Reaktion mehr zu erkennen ist. Bei Hochmoortorfen, wie in unserem Fall, ist dieser Schritt nicht nötig.

Für Torfe, und Böden die keine reinen Seesedimente darstellen, ist die Behandlung mit Natronlauge nötig. Diese entfernt Huminsäuren, welche in Seesedimenten nicht enthalten sind. Nachdem 25ml der 10%igen Natronlauge dem Bodenmaterial hinzugefügt wurden, muss dieses Gemisch 10 Minuten aufgekocht werden. Um Spritzen beim Kochen zu verhindern bastelt man sich für das Kochgefäß (Glaskolben) einen Deckel aus Alufolie. Nach dem Kochen nimmt man die Gläser von der Herdplatte und lässt sie abkühlen. Um große Reste zu entfernen gießt man die Probe durch ein Sieb in einen großen Glasbecher. Die Makroreste aus dem Sieb vermischt man mit Wasser bzw. einem Wasser-Glycerin-Gemisch wenn längere Lagerung nötig ist. Sie sind somit für eine Großrestanalyse zu gebrauchen. Das gekochte Gemisch aus dem Glasbecher wird nun in Zentrifugenbecher umgefüllt, diese dann alle gleichmäßig mit Wasser aufgefüllt. Man wäscht die Proben jetzt indem man sie bei 3000 Umdrehungen pro Minute 10 Minuten lang zentrifugiert. Das Wasser wird dann abgeschüttet (abdekantieren) so dass die Probe im Behälter bleibt, jetzt jedoch fast ohne Wasseranteil. Dieser Vorgang wird ein zweites Mal wiederholt, also die Probe mit Wasser vermischt, zentrifugiert, und dann abdekantiert. Nach zweimaligem Waschen gibt man die Proben nun in Glasbehälter.

Der folgende Schritt wird auch oft erst zum Schluss der Aufbereitung durchgeführt, bei hohem mineralischen Anteil der Probe jedoch schon nach Zugabe von HCl und NaOH da sonst die folgenden Arbeitsschritte negativ beeinflusst werden könnten. Es wird nun der mineralische Bestandteil des Bodens entfernt, und das geschieht unter Zugabe von Flusssäure. Unter maximal laufendem Abzug werden nun 50 ml der Säure in große Plastikbecher gegeben, die Probe dann mit einem Plastikstab verrührt. Das Auflösen der mineralischen Anteile nimmt etwas Zeit in Anspruch, deshalb muss man die Proben 24 Stunden ruhen lassen, immer unter dem laufenden Abzug. Nach ca. 48 Stunden werden auch die Pollen von der Flusssäure angegriffen und evtl. beschädigt, diese Zeitdauer darf also nicht überschritten werden. Wenn nötig wird nun noch etwas Säure zugegeben bis sich alles gelöst hat, dann wird die Probe erneut zentrifugiert und abdekantiert.

Nun muss nach Kalk, Humussäure und silikatischem Material auch noch organisches aus der Probe entfernt werden. Um Cellulose aufzulösen verwenden wir die sog. Acetolyse. Da hier Schwefelsäure verwendet wird muss die Probe frei von Wasser sein weil sich Schwefelsäure nicht mit Wasser verträgt. Dies geschieht mit Eisessig welcher der Probe zugegeben wird um ihr das restliche Wasser zu entziehen. Das Eisessig-Boden-Gemisch wird umgerührt und 30

Minuten stehen gelassen. Die Proben nun nicht mehr mit Wasser waschen, sondern nur noch zentrifugieren und abschütten. Nun sind die Proben bereit für die Zugabe des Acetolyse-Gemisches. Dies ist eine Mischung aus Essigsäureanhydrit ($C_4H_6O_3$) und 97%iger Schwefelsäure (H_2SO_4). Die Behälter werden etwa bis zur Hälfte mit der Acetolyse-Mischung gefüllt und alles mit sauberen und trockenen Glasstäben verrührt. Nun heizt man das Wasserbad auf 100°C und bringt es zum kochen, die Proben werden nun in einem Gestell ins kochende Wasser gegeben und zwischendurch immer wieder mit einem Glasstab umgerührt. Die Behälter sollten weit voneinander entfernt stehen da bei starker Verunreinigung der Probe die Schwefelsäure zum Überschäumen oder Zerspringen der Gläser führen kann. Leere Gläser die um die Probenbehälter verteilt aufgestellt werden, können als Auffangbecken für evtl. überlaufende Lösung dienen. Man kocht nun die Proben ca. 10 Minuten bei 100°C, danach wird das Wasserbad ausgeschaltet und die Proben noch mal gut umgerührt. Wenn die Behälter kalt geworden sind füllt man sie mit Eisessig auf um sie anschließend zu zentrifugieren. Man darf für das Waschen zunächst kein Wasser mehr verwenden weil es sonst in Verbindung mit der Schwefelsäure der Acetolyse-Mischung zu einer heftigen Reaktion kommt. Hat man den Eisessig und die Säure abdekantiert, wäscht man die Probe nun zweimal mit Wasser. Um nun noch die letzten Verunreinigungen zu zerstören wird eine Ultraschallbehandlung verwendet.

Wir haben dafür spezielle Glaszylinder verwendet die oben und unten offen sind, die Unterseite mit einem sehr feinmaschigem Netz (Mikronetz) verschlossen. Dieser Zylinder wird nun in das Wasserbecken des Ultraschallgeräts so hinein gestellt, dass nur der unterste Bereich ins Wasser eintaucht. Man öffnet den Wasserabfluss und lässt von oben Wasser nachfließen so dass ein ausgeglichener Zu- und Abfluss gegeben ist, und sich somit ein gleichmäßiger Wasserpegel im Ultraschallbad einstellt. Stellt man nun den Ultraschall an (Gehörschutz verwenden) und gießt die Probe in den Zylinder werden letzte Verunreinigungen zerkleinert und diffundieren durch das Mikronetz, vom stetigen Wasserstrom des Abflusses werden sie dann abtransportiert. Um möglichst allen Schmutz auszuwaschen wird mit Wasser öfter nachgespült, der gesamte Vorgang sollte je Probenglas jedoch nicht länger als 5 Minuten dauern. Danach wäscht man mit möglichst wenig Wasser das übrige Material aus dem Zylinder in die endgültigen Probengläser, auch das Mikronetz wird entfernt und die hängen gebliebenen Pollen mit Wasser in das Behältnis überführt. Die 16 Proben lässt man über Nacht sedimentieren um am nächsten Tag das überschüssige Wasser absaugen zu können. Dies geschieht mit einer Pipette, wobei für jede Probe eine eigene

Pipette verwendet wird um nicht Fremdpollen aus anderen Proben in eine Probe einzubringen. Es wird etwa so viel Wasser im Behälter gelassen wie Sediment vorhanden ist. Man gibt als letzten Schritt Glycerin hinzu, etwa 1 cm hoch im Reagenzglas. Das Glas wird mit einem Korken verschlossen und vorsichtig geschüttelt, im Idealfall mit einem Reagenzglasschüttler. Nun kann man die Probe endgültig mit einem Aufkleber versehen und beschriften, sie ist nun fertig um die Pflanzenpollen darin unter dem Mikroskop auszuzählen.

Bei der Laborarbeit mit Säuren ist darauf zu achten die Arbeitsschritte stets unter dem Abzug zu verrichten, die Säuren sollen außerdem kalt verwendet werden da die Reaktion dann nicht zu heftig werden kann. Muss man die Proben länger ruhen lassen bedeckt man sie mit Wasser und lässt sie zugedeckt stehen. Erst wenn man die Arbeit wieder aufnimmt werden sie zentrifugiert und abgegossen.

1.2. Pollenanalyse

Das Ergebnis der Aufbereitung kann nun unter dem Mikroskop ausgewertet werden. Anhand von Bestimmungsschlüsseln arbeitet man sich an die Pflanzengattung der das Pollenkorn angehört heran, die genaue Art zu bestimmen ist oft aber äußerst schwierig. Bei der Auswertung und Darstellung in Diagrammen beschränkt man sich deshalb auch in der Regel auf die Benennung der Gattung. Je nachdem welchen Abstand die Pollenquelle zur Aufnahmefläche hat unterscheidet man vier Pollenflugformen. Der Umgebungsflug beschränkt sich auf die umliegenden 500m, der Nahflug umfasst bereits ein Gebiet von ca. 10km Radius. Weite Distanzen werden beim Weitflug (bis 100m) und Fernflug (über 100km) überwunden. Um Pollen voneinander unterscheiden zu können gibt es einige Pollenspezifische Merkmale die sich bei verschiedenen Pollen anders ausbilden (Abb.1.). Auch die Verbreitungs- bzw. Flugweise der Pollenkörner hängen teilweise von diesen Faktoren ab. Es sind dies beispielsweise die Pollengröße, das Gewicht und die Pollenproduktion der Pflanzen, sowie Verbreitungsfaktoren wie die Unterscheidung von windblütigen und insektenblütigen Arten. Erstere werden über viel weitere Strecken transportiert, außerdem haben sie eine höhere Pollenproduktion. Die Sinkgeschwindigkeit und Sedimentationsraten sind Eigenschaften die sich aus den eben genannten Zusammenhängen ergeben, auch sie variieren die Transportfähigkeit und die vertikale Verbreitung im Bodenprofil. (http://www.geo.unizh.ch/phys/teaching/phys_pdf/Phys_Biosphaere2.pdf)

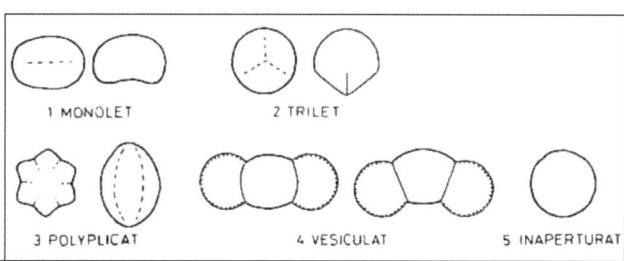

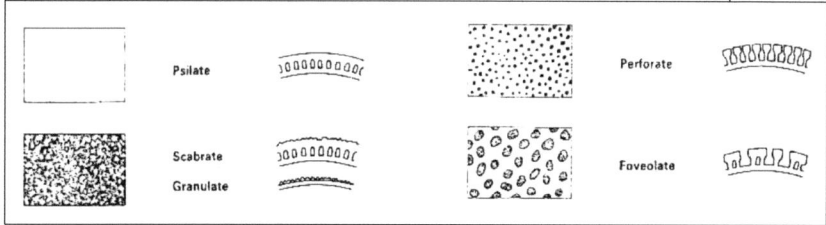

(Abb.1: Pollentypen (oben) und Strukturtypen der Extine (unten) – Quelle: Skript K. Sokol)

Unter dem Mikroskop sucht man nun nach Pollen und versucht sie anhand spezifischer Merkmale zu bestimmen. Man zählt in der Regel 500 bis 1000 Pollen einer Gattung und notiert sie. Hat man für die untersuchte Probe nun die enthaltenen Pollen ausgezählt kann man diese in einem Pollendiagramm darstellen (Abb.2). Dazu errechnet man die Prozentualen Anteile der verschiedenen Pollen und trägt sie von links nach rechts auf, und zwar der jeweiligen Altersstufe der untersuchten Probe zugeordnet. So erhält man Verteilungskurven die von unten, also des ältesten Horizonts, nach oben in Richtung jüngstem Horizont schwanken. Aus einem Pollendiagramm lassen sich klimatische Verhältnisse der Vergangenheit schließen. Beispielsweise bei einer auffälligen Veränderung der Kurven, wie etwa das starke Ansteigen einer einzelnen Gattung, kann man Rückschlüsse auf plötzliche Klimaveränderungen ziehen. Nach solchen deutlichen Veränderungen in der Vegetationsverteilung gliedert man anschließend das untersuchte Bodenprofil in einzelne florengeschichtliche Zeitabschnitte.

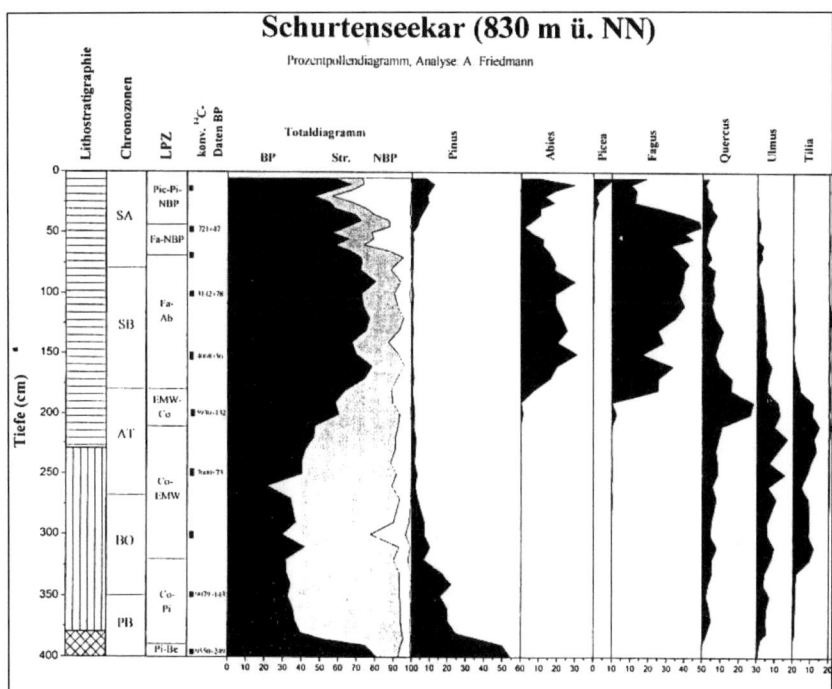

(Abb. 2: Ausschnitt eines Baumpollendiagramms - Quelle: Prof. Dr. A. Friedmann)

2.1. Makrorestanalyse

Bei der Auswertung von Funden großer Pflanzenteile sind archäologische Gesichtspunkt von großer Bedeutung. Man versucht sich daraus ein Bild zu machen wie Menschen aus vergangener Zeit Pflanzen genutzt haben, oder etwa ob bestimmte Pflanzen kultiviert und gelagert wurden. Es werden an Orten mit Siedlungsaufkommen in der Vergangenheit Bodenabschnitte entnommen und nach Makroresten durchsucht. Dies sind etwa Samen und Früchte aber auch Fragmente von Pflanzenteilen, wie Wurzeln oder Blätter. Betrachtet man anschließend das Gesamte Spektrum und die Verteilung der gefundenen Pflanzen kann man Vermutungen zur Entstehung der jeweiligen Bodenschicht anstellen. Beispielsweise ob sich die Grundwasserverhältnisse verändert haben, oder ob die Schicht agrarwirtschaftlich genutzt, und dementsprechend auch umgelagert wurde (Kulturzeigerpflanzen). Um genaue Aussagen zu machen ist die Untersuchung großer Bodenmengen nötig. Besonders aussagekräftig sind solche Reste die eine deutliche Bearbeitung zeigen. Große Holzbalken die etwa zum Hausbau in Form gebracht wurden weisen unmissverständlich auf Siedlungstätigkeit hin. In diesem

Fall kann man mit der Radiocarbonmethode (C14) eine absolute Datierung vornehmen und das Holz der entsprechenden Siedlungsperiode zuordnen. Je feiner die Funde bearbeitet wurden, sofern sie zu erkennen ist, desto entwickelter müssen auch die Fähigkeiten der Menschen gewesen sein. Die Entwicklung der Bearbeitungsmöglichkeiten ist besonders bei Artefakten gut nachzuvollziehen. Wie gut das Holz bearbeitet wurde, zu welchem Zweck es bearbeitet wurde (Werkzeug, Speer, Besteck) und welche Holzart man verwendet hat zeigt schon wie weit die Siedler in ihrem Verständnis waren Produkte der Natur zu ihrem eigenen Nutzen zu verwenden. Die Bestimmung der Holzart zeigt zudem ob die Menschen sich der unterschiedlichen Nutzbarkeit verschiedener Hölzer bewusst waren, je nachdem zu welchem Zweck sie es verwendeten. Um welches Holz es sich handelt wird bestimmt indem man dünne Schnitte des Holzes unter dem Mikroskop betrachtet. Der Aufbau des Zellgewebes, die Anordnung der Leitbahnen oder auch typische Holzeinschlüsse geben Auskunft über die Baumart der das Holz angehört. In den meisten Fällen reicht es aus sich die Großreste unter einem Binokular zu betrachten. Um das Holz zu bestimmen gibt es Fachliteratur die Lichtbilder der bestimmungsrelevanten Merkmale anhand rezenter Hölzer zum Vergleich mit der vorliegenden Probe bieten. (SCHOCH et. al. 1988)

Mit der Pollenanalyse und der Analyse von Makroresten kann man ein gutes Bild von der Entwicklung des Menschen im Bezug auf seine Interaktion mit der Natur zeichnen. Sie sind wichtige Methoden in vielen Wissenschaften wie z.b. Geographie, Botanik und Archäologie.

Literatur:

Schoch, W./ Pawlik, B. / Schweingruber, F.H.: Botanische Makroreste: ein Atlas zur Bestimmung häufig gefundener und ökologisch wichtiger Pflanzensamen. Haupt Verlag, Bern u. a. 1988. S. 6-10

Internetquellen:

(http://www.geo.unizh.ch/phys/teaching/phys_pdf/Phys_Biosphaere2.pdf)